登顶

扎西次仁　杜　凡◎著

吉林科学技术出版社

我叫扎西次仁，是雪山的孩子。

我的家乡在美丽的希夏邦马峰脚下，那是一座象征吉祥如意的山峰。

每到放牧季节，我会赶着羊群到很高很高的山腰上吃草，很多人爬到这个高度就会不舒服，但对我来说，这里就像平地一样，我总是期待着奔向远处更高的山。

　　长大后，我成了一名登山向导、高山摄影师，为那些登山者指路，记录他们的登山之旅。就这样，我爬了很多很多的山，登上过许多顶峰，有些比鹰飞得还要高，我看到了连鹰也不曾见过的景色。在登山学校，有很多和我一样的大山的孩子，我们学习如何修路，如何守护登山者。大部分登山者都是为着那座神圣雪山——珠穆朗玛峰而来。

关于她，我听过一个故事。如果你不急着离开，我想给你讲讲。

曾经有一位神奇的巨人，她站立在天与地之间，静静地望着人世间。人们尊敬她、仰望她，也向她许愿，但从没有人去拥抱她，到她耳边说话，或去听一听她的低语。

因为去了解她实在太危险了，她那么高，那么坚硬，终年
覆盖着皑皑白雪，每年只有短短几个月是相对暖和的。

　　巨人很孤独。不过，她仍旧安安静静地在天地间站立着，倾听来自四面八方的愿望和梦想。

　　后来，终于有人来了！他们爬到了巨人的头顶，他们是那么骄傲，这可是世间最高峰啊！大家笑着，呐喊着，有人向远方大声喊出自己的心愿。

巨人静静地看着他们，在心里微笑着、祝福着。
但仍没有人想要好好地了解一下巨人，人们来了，
欢呼了，又走了。

　　巨人一如既往地在天地间站立着，每年有
几个月巨人会变得又柔软又暖和，这个时候，
人们也来得最多。每到此时，巨人也最开心，
她敞开怀抱，微笑凝视着那些登山者，为他们
默默地加油。

后来巨人知道了，他们在测量自己的身高啊，这些人，是在用一种她不了解的方式倾听着一座山的成长。

　　再后来，又来了一些奇怪的人，他们带着沉重的器械，遭遇危险也不撒手，爬到巨人的头顶还没欢呼就迫不及待地架上机器，他们一脸严肃，既不许愿，也不急着拍照，只是一个劲儿地摆弄机器，认真地记录着什么。这些人隔一些年就会来，带着更新的机器。

　　巨人以自己的方式在风中表达着感谢，她仍旧
静静地站立在天与地之间，温柔地俯瞰着人间，她
知道，人间也正以同样温柔的目光凝视着她。

　　好了，关于珠穆朗玛的故事讲完了，现在，我
要带你进入我的故事。那是一次惊心动魄的探险。

2020 年 5 月 27 日凌晨两点，珠峰海拔 8300 米处，我们终于等到了那一天。在经历了前两次冲顶失败后，我们将发起第三次，也是最后一次冲锋。这次如果失败，将错过今年最后的窗口期，也就是最适合登顶的机会。

　　我曾 14 次攀顶珠峰，而这次出发前，妈妈拉着我的手说："孩子，我为你骄傲，因为你将要守护的，是那些守护神山的人。"而这并不是一次普通的珠峰攀登，作为高山向导和摄影师，我所带领的 8 人小队是国测一大队的测量师，担负着 15 年后再次测量珠峰高度的任务。我们，就是倾听巨人耳语的人。

　　我们已经远远超过了原计划的时间，茫茫大雪中，我们已经渐渐分不清方向，雪到了大腿，安全绳全部被埋在雪下，每一步艰难跋涉都要把绳子从雪里拉起来。

　　为了看清路，我们不得不摘下雪镜，风雪打在脸上，每一下都像刀割一样疼。我能否第 15 次攀上巨人之顶呢？

　　在那个惊险的夜晚，那并不是我担心的问题，我所担心的是身后这些人的安全。

在模糊的视野里，我看见，次仁罗布在雪中跋
涉的身姿格外僵硬，他背着的是15千克的重力仪，
而且不可以倾斜，更不可以倒置，只能以一个特定
姿态背负着，一步一步向前挪动。这一路上，重力
仪就像他的孩子，早已成为他身体的一部分，就像
我手里的相机，以及边巴背着的5G通信和VR设备，
这些，都是把巨人的声音传递到世界各地的工具。

在 8680 米的北侧攀登路线上，有一个让每位登顶者都无法忘记的地方，叫作"第二台阶"。这段岩石峭壁中有一段 5 米左右，近乎直立，立在通往山顶的唯一通途上，这是通往珠峰的最后一道门，也是一道鬼门关。

60 多年前中国人第一次登顶珠峰时，4 名登山队员以人为梯，其中一名队员用自己的身体把队友送上了台阶。为了不踩伤队友，一位队员脱掉了靴子，而双脚被冻伤，再也不能登山了。

如今，修路队早已在这里架起了梯子，我望着这道几乎竖直的峭壁，回想着历史，那架 60 多年前的"人梯"仿佛还在那里，顶天立地，比任何山都要高。

　　终于到了！经过 9 小时的跋涉，我们终于到达了顶峰！我欢呼着举起手机，却发现，5G 信号没了。仿佛是巨人开的一个玩笑，登顶的一刹那，信号丢了，一切画面都传不出去了！

　　这次珠峰测量，5G 信号首次覆盖珠峰峰顶，第一次，巨人的耳语
将向全世界直播！然而，就在这关键的时刻，信号丢了！我一下子傻
了，几十年的登山经历，即使面临险境，我也从未如此慌张，但这次，
我怕自己无法登顶，我更怕无法完成使命。

同行的队员很快镇定下来，我们一起调试机器，搜索信号，那时，心里有个坚定的声音说，不要慌，你是雪山的孩子，相信这座山吧。什么都无法阻挡我们强大的 5G 信号，也仿佛真的是巨人在冥冥中的帮助，风很快帮我们找回了信号，画面传到了大本营。

（大本营）

女主播声音："我们现在接到前方的信号，一起来看一下，这是最新传回的刚刚登顶的画面"。总指挥王勇峰声音："祝贺你们，祝贺你们，圆满成功，扎西德勒！"

（峰顶）

队长次洛声音："2020 年珠峰高程测量登山队，现在登上了珠穆朗玛峰！我现在站在珠穆朗玛峰顶上，我祝福祖国繁荣富强，世界人民身体健康。"

2020 年 5 月 27 日 11 时整，珠峰高程测量登山队 8 名攻顶队员，全部成功登顶。这里，就是所有登山者心中的高度。然而对我们来说，这里只是"中点"。

这次珠峰测量，首次全部使用国产设备，我们在峰顶停留了近3小时，创下中国人停留时间最长的纪录。

　　在这近3小时内，所有队员紧张地忙碌着，丝毫不亚于登山时的专注。普布顿珠负责的测量仪器需要将面部贴在机器上才方便操作，他做出了一个让所有人震惊的举动——摘下了氧气面罩。

　　大家都知道，在氧气极为稀薄的高海拔地区上摘下面罩会对大脑造成损伤。我有一个前辈，曾在途中将氧气面罩让给了同伴，而后来，他永远无法再登山了。

　　我记得自己曾问他："这样值得吗？"前辈问了我一个问题："有些鸟飞得特别高，甚至可以飞越珠穆朗玛峰，你知道是为什么吗？"我说，"是因为它们格外强壮吗？"前辈摇头。

"因为繁衍。"前辈回答。

有些鸟群的迁徙路程横跨大半个地球，它们需要飞得更高，飞得更久，也需要在漫长而艰难的迁徙途中协同合作，才能繁衍后代，让生命生生不息。鸟儿能飞越山巅，不是为了征服，而是为了生存。

人类也是。有时候，人们也需要同心协力才能翻越生命旅途中的逆境与险峰，我们人类，是彼此守护着的物种啊。

我叫扎西次仁，是雪山的孩子，这是我第 15 次登顶珠峰，眺望远方，我看到了祖国的伟大与繁荣，也看到了 2020 年以外的时间，有些灾难就像难爬的山，齐心协力，彼此守护，我们总会迎来山顶的美景。这是登山精神，也是生命的精神。8848.86，这是中国高度，也是世界高度！

小时候我很羡慕鹰，它们能飞那么高，看到我们看不到的景色。现在我知道，人世间最高的地方，不是在山上，而是在心间。

　　我的探险故事讲完了。希望有一天你能来找我，我们一起爬上巨人的头顶，倾听她的耳语，就像孩子倾听妈妈温柔的絮语。

　　无论登山者从哪里来，只要踏上攀登珠峰之路，就成了雪山的孩子，在这段有关生命的跋涉中，我们都是渺小、脆弱却又无畏的孩子，雪山教会了我们有关生命的智慧与爱。

我爱雪山，我爱这片土地，我爱我的祖国。

★作者扎西次仁及其拍摄的登珠穆朗玛峰的照片

图书在版编目（CIP）数据

登顶 / 扎西次仁，杜凡著. -- 长春 ：吉林科学技
术出版社，2024. 7.-- ISBN 978-7-5744-1419-8

Ⅰ. P2-49

中国国家版本馆CIP数据核字第2024RT3244号

登 顶

DENG DING

著　者	扎西次仁　杜　凡
出 版 人	宛　霞
责任编辑	朱　萌　冯　越
插画设计	莫那文化
封面设计	阴阳鱼文化传媒
制　版	阴阳鱼文化传媒
幅面尺寸	210 mm×280 mm
开　本	16
印　张	2
字　数	25千字
印　数	1—3 000册
版　次	2024年7月第1版
印　次	2024年7月第1次印刷

出　版	吉林科学技术出版社
发　行	吉林科学技术出版社
地　址	长春市福祉大路5788号出版大厦A座
邮　编	130118
发行部电话/传真	0431-81629529　81629530　81629531
	81629532　81629533　81629534
储运部电话	0431-86059116
编辑部电话	0431-81629518
印　刷	吉林省吉广国际广告股份有限公司

书　号	ISBN 978-7-5744-1419-8
定　价	49.90元

本故事由作者真实经历改编而成